讲给孩子的
基础科学 11

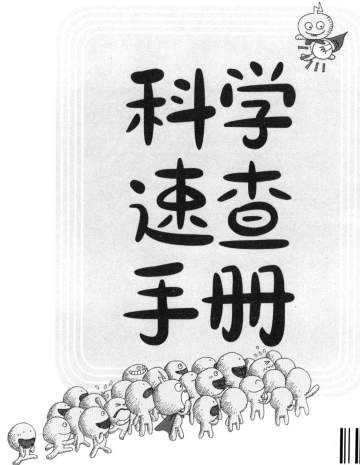

科学速查手册

U0243017

[韩] 权垠我 著　[韩] 徐贤 绘

郭长誉 译

中信出版集团 | 北京

图书在版编目（CIP）数据

科学速查手册/（韩）权垠我著；（韩）徐贤绘；
郭长誉译 .-- 北京：中信出版社，2023.5
（讲给孩子的基础科学）
ISBN 978-7-5217-5243-4

Ⅰ . ①科… Ⅱ . ①权… ②徐… ③郭… Ⅲ . ①科学知
识–儿童读物 Ⅳ . ① Z228.1

中国国家版本馆 CIP 数据核字 (2023) 第 021869 号

Mr. Stout Science Encyclopedia
Text © Eun-ah Kwon
Illustration © Seo Hyun
All rights reserved.
This simplified Chinese edition was published by CITIC Press Corporation in 2023,
by arrangement with Woongjin Think Big Co., Ltd. through Rightol Media Limited
（本书中文简体版权经由锐拓传媒旗下小锐取得 Email:copyright@rightol.com）
Simplified Chinese translation copyright © 2023 by CITIC Press Corporation
ALL RIGHTS RESERVED

科学速查手册
（讲给孩子的基础科学）

著　　者：［韩］权垠我
绘　　者：［韩］徐　贤
译　　者：郭长誉
出版发行：中信出版集团股份有限公司
　　　　　（北京市朝阳区东三环北路 27 号嘉铭中心　邮编　100020）
承 印 者：北京瑞禾彩色印刷有限公司

开　　本：889mm×1194mm　1/24　　印　张：48　　字　　数：1558 千字
版　　次：2023 年 5 月第 1 版　　　　印　次：2023 年 5 月第 1 次印刷
京权图字：01-2022-4476
审 图 号：GS 京（2022）1425 号（本书插图系原书插图）
书　　号：ISBN 978-7-5217-5243-4
定　　价：218.00 元（全 11 册）

出　　品：中信儿童书店
图书策划：火麒麟
策划编辑：范萍　王平
责任编辑：谢媛媛
营销编辑：杨扬
美术编辑：李然
内文排版：柒拾叁号工作室

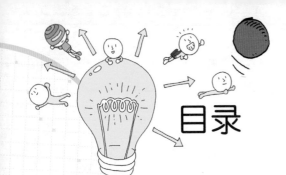

目录

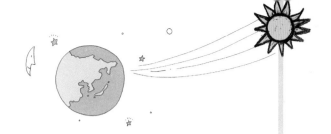

生物

地理

物理

1 波长

波长：相邻两个波峰或波谷之间的距离，即波在一个振动周期内传播的距离。

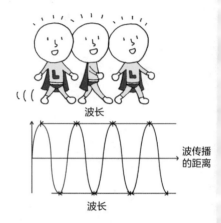

波长

波传播的距离

波长

观察波的传播，可观察到波以固定形状做有规律的重复运动。这时，一个固定形状反复出现，这个固定形状的长度就是波长。

以水波为例，波浪的最高点是波峰，最低点是波谷。水波在波峰与波谷之间循环往复，这时相邻波峰和波峰之间、相邻波谷和波谷之间的距离就是波长。

2 波动

波动：某处产生的振动向周围传播的现象。

向湖里投掷石头，石头入水处周围会产生圆形的涟漪渐渐扩散开来。物理学中，把某一位置产生的振动逐渐向周围传播的现象称为波动。

在湖面上产生涟漪的波动称为水波。水波不是水在直接移动，只是波动的能量在移动。声音也是波动的一种，叫作声波。水波和声波都需要借助媒介传播，水波的媒介是水，声波的媒介一般是空气。

3 超声波

超声波：频率高于 20 000 赫兹（Hz），大于人的听觉上限的声波。

人耳能听到的声音频率一般在 20 ～ 20 000 赫兹。超声波是频率大于 20 000 赫兹的声波，人耳无法听到，但是海豚和蝙蝠可以听到。

我们虽然不能听到超声波，却广泛使用了超声波。最常见的例子就是医院里的超声检查，医生利用超声诊断仪来观察胎儿的形态。另外，声波定位仪也使用了超声波，它可以用超声波来探测鱼群或潜艇等海底物体。

蝗虫 100 ～ 15 000Hz

人 20 ～ 20 000Hz

狗 15 ～ 50 000Hz

蝙蝠 1000 ～ 120 000Hz

海豚 150 ～ 150 000Hz

4 磁场

磁场：磁铁或电流附近磁力作用的空间。

地球也是一块巨大的磁铁。

磁铁周围或者电流的周围有看不见的力量在发生作用。这种看不见的力量称为磁力，这种力量所作用的空间称为磁场。

磁力是在磁铁两极之间作用的力。磁铁同极相斥，异极相吸。距离磁极越近，磁力越强；距离磁极越远，磁力越弱。

离磁铁距离越远，磁场就越弱。磁场的强弱和方向用磁力线表示。磁力线从 N 极出发进入 S 极，磁力线越密集，磁场越强。

5 地球

地球：太阳系中离太阳由近及远的第三颗行星，人类赖以生存的天体。

地球距离太阳的距离仅大于水星和金星。地球是到目前为止，人类已知的唯一有生命生存的行星，月球是其天然卫星。

地球赤道周长约为4万千米。地球周围包围着一层大气，由氮气、氧气等组成。地球内部由地壳、地幔、外核、内核组成。地球表面由陆地和海洋组成，其中海洋面积约占地球表面积的70%。地球大约每天自转一周，大约每年绕太阳公转一周。

地球的年龄约为46亿年，宇宙的年龄约为137亿年，与宇宙相比地球还很年轻。地球诞生之初，体积比现在小，表面被炙热的岩浆覆盖。后来，地球开始变大，与小行星的碰撞减少，表面的岩浆也逐渐冷却。再后来，随着大量降水降落地面，海洋开始形成。距今约35亿年前，蓝藻等原始的单细胞生物开始出现，它们是地球上最早的生命。

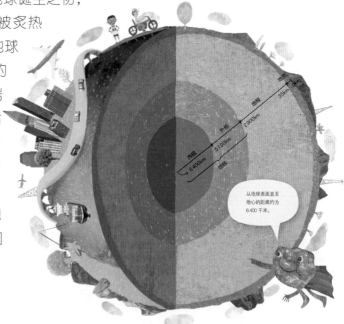

从地球表面直至地心的距离约为6400千米。

6 电池

电池：将化学能转化成电能的装置。

电池是我们生活中常见的、供应电能的简便装置，包括干电池、燃料电池、太阳能电池等。电池的种类繁多、用途广泛。

1800 年，意大利的伏打发明了最初的电池。伏打在铜板和锌板之间堆放多层浸透盐水的纸或呢绒，在两端连接电线，获得了电能，制造了利用锌板和铜板作为两个电极与盐水组成的伏打电堆。伏打电堆是利用物质的化学反应，将化学能转换成电能的化学电池，我们现在使用的电池大多是化学电池。

物理

7 电磁波

电磁波：电场与磁场互相作用时传递出的波动。

电磁波是指电场制造磁场，磁场又制造电场，随着这种现象不断重复而扩散的波动。电磁波包括可见光、红外线、紫外线、无线电波等所有种类的光线。

1864年，英国的麦克斯韦提出了光是电磁波的假设。当然，从很久以前开始，科学家就一直好奇光的真面目到底是什么。牛顿认为光是微小颗粒，英国的罗伯特·胡克和荷兰的惠更斯认为光是像声音一样扩散的波动。此后，英国的托马斯·杨找到了光是波动的证据，但被忽视，而后麦克斯韦提出了光波是电磁波的假设。

实验证明，麦克斯韦所假设的电磁波确实存在。但没过多久，爱因斯坦就主张，光是以光子这种微小颗粒的形态传播，这一点也被实验所证实。

最终，科学家得出结论，光既是波动又是粒子。在强调光的波动属性时，使用电磁波来描述。

光和电磁波本质上是一样的，归根结底，光是波动。

8 电磁铁

电磁铁：在铁芯的外部缠绕线圈组成，只在电流流动时产生磁性。

电磁铁只在电流流动时产生磁性，是用电能制造出磁性的装置。冰箱上的冰箱贴磁铁和磁铁棒即使没有电能，也能维持磁铁的性质，这种磁铁叫作永久磁铁。

制作电磁铁的方法很简单，将导线在铁芯或长铁钉外部缠绕成螺旋状，然后在线圈两端连接电池即可。

变成磁铁吧！
呀嘿！

9 电流

电流：因电子移动而产生的流动电荷。

电可分为处于静止状态的静电和不断有电子移动的电流。随着电子的不断移动而产生的电并不会停滞，而是会流动，所以叫作电流。

电流其实是电子的流动。之前的人们对电子不是很了解，一直认为是正电荷在流动。在电路中，电流的方向是从电池的"＋"极流到"－"极，但实际上电子则是从"－"极沿着导线向"＋"极移动的。电流的强度以安培（A）为单位，1安培是1秒内大约有 6.24×10^{18} 个电子流过的电流强度。

物理

10 电压

电压：两点之间的电势差。

电子从高电压向低电压移动，两处电势差距越大，电子的移动就越剧烈。两处之间的电势差叫作电压。电压越大，电流越大。如果两个位置之间完全没有电势差，则电压为零，电流也就不会流动。

表示电压大小的单位是伏特（V），简称伏。中国的家用电压是 220 伏。

电压相当于二者的高度差

电流相当于水流动的量

11 浮力

浮力：气体或液体支撑物体的力。

浮力中"浮"字表示向上的力。当物体浸入气体或液体等流体时，气体或液体会给物体施加一个向上的力，这就是浮力。浮力与重力方向相反，如果物体受到的重力大于浮力，物体会下沉；如果物体受到的重力小于浮力，物体就会上浮。

浮力大小等于物体所排开的气体或液体所受的重力。例如，在浴缸里泡澡时，身体受到的浮力大小等于身体所排开的水所受的重力。这就是阿基米德发现的浮力定律。

12 公转

公转: 宇宙中一个天体围绕另一个天体所做的周期性轨道运动。

公转是指天体进行的环绕运动, 也叫公转运动。地球环绕太阳轨道运行一周大约需要 1 年, 月球环绕地球轨道运行一周大约需要 28 天, 这都属于公转。除了地球, 太阳系中还有许多绕日运行的行星, 包括水星、金星、火星、木星、土星、天王星、海王星。

一个天体围绕另一个天体运行一周需要的时间称为公转周期。地球的公转周期是 1 年（精确值为 365.242 20 天）, 月球的公转周期大约是 28 天（精确值为 27.321 58 天）!

在古代, 人们并不认为地球环绕太阳运行, 做公转运动。2 200 多年前, 古希腊天文学家阿里斯塔克最早提出了日心说, 但此后很长一段时间里, 人们仍相信太阳绕地球运行, 而不是地球绕太阳运行。直到 16 世纪, 德国天文学家开普勒发现了行星运动的三大定律, 日心说才开始被人们接受。

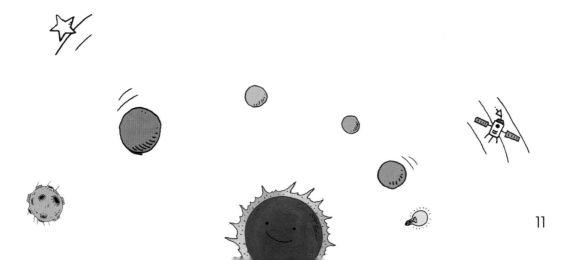

物理

13 惯性

惯性：物体保持原来运动状态不变的性质。

在不受外力影响时，物体具有保持自身原来运动状态不变的性质。例如，静止的物体试图保持静止状态，运动的物体试图保持原本的运动状态，物体的这种性质叫作惯性。

公共汽车突然开启和突然停止时，乘客身体的状态就是惯性作用的典型例子。如果停着的公共汽车突然开始行驶，乘客的身体就会向后倾斜。乘客试图保持静止状态才有这样的现象。如果快速行驶的公共汽车突然刹车，乘客的身体就会向前倾斜，这也是受惯性影响导致的。

那么，滚动的球没有一直滚动，最终还是会停止的原因是什么呢？运动的物体具有保持运动状态的性质，那么球停止滚动一定是因为外力的作用。球滚动时，地面对其施加了一个阻碍其运动的摩擦力，速度由此减小。如果没有摩擦力，球会持续滚动。

14 光

光：能刺激视网膜从而使人看到事物的电磁波。

光可刺激人的视网膜引起视觉，使人能够看到事物，狭义上的光指可见光。广义上，光除可见光外，还包括红外线、紫外线、X射线、伽马射线等。发光的物体叫光源，例如手电筒、荧光灯，以及太阳等恒星。

光沿直线传播。影子就是因为这一性质产生的。影子是光线直行过程中遇到障碍物时，无法通过而形成的。

光有反射的性质。当光线传播遇到障碍物时，光线会从边界处射回，这一现象就是反射，镜子就利用了光的这一性质。

光还有折射的性质。与反射类似，折射指光线前行时，传播方向发生改变的现象。反射时光线会射回，折射时光线则会弯曲。眼镜的镜片或棱镜就是利用了光的折射性质。

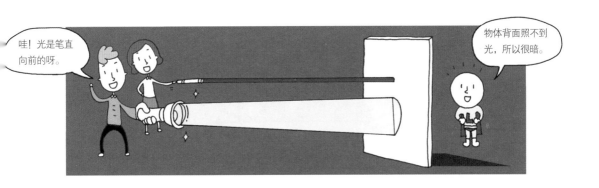

物理

15 光速

光速：即光的速度，约为每秒 30 万千米。

光在真空中每秒约行进 30 万千米，声音在空气中每秒约传播 340 米，光速远快于声速。迄今为止，光是宇宙中已知的行进速度最快的粒子。

最早尝试测定光速的人是伽利略。1638 年，伽利略用两盏灯做光源，用遮光罩控制灯的亮灭来进行实验。他尽可能在最远的距离观察光源闪烁，试图测量其速度，但由于光速太快，未能成功。

1676 年，丹麦的罗默首次计算出了光速。这是通过观察木星的卫星所得出的结果，他推算的光速为每秒 22.7 万千米。1728 年，英国的布拉德莱利用光行差测算出光的速度。他测算的数值是每秒 30 万千米，与现在的数值非常接近。

另外，1849 年法国的斐索使用齿轮和镜子做实验来测量光速，其数值约为每秒 31.5 万千米。光穿过快速旋转的齿轮空隙射至后方的镜子，被反射回来再穿过齿轮，通过测量这一时间来测算光速。现在使用的光速测定方法也是在斐索方法的基础上发展而来的。

14

¹⁶ 机械运动

机械运动：相对于某一物体，另一物体的位置随着时间而变化的过程。

对物体施加一个力，物体的形状可以发生改变，物体的运动状态也可以发生改变。静止的物体开始运动，运动的物体变为静止。物体发生运动，物体位置自然会与之前不同。像这样，物体位置随时间而变化的过程称为机械运动，简称运动。这和我们日常生活中所说的运动略有不同吧？

例如，当列车沿铁路行驶时，科学上是说列车在运动。但是从奔驰的列车内向外看，反而觉得是列车外的人在动，房子和树木也呼啸而过。正在行驶的是列车，但列车上的东西反而看起来像静止一样，没有发生运动。列车在车站停了一会儿又开始出发，突然感觉旁边并排停着的列车开始向后行驶。

像这样，运动状态根据参照物的不同而不同。所以在讲运动时，参照物很重要。

给球施加力，球就会动吧？

物理

17 加速运动

加速运动：物体的速度随时间而变化的运动。

科学中把运动大体分为速率、方向发生变化的运动和不发生变化的运动两种。我们日常生活中接触到的运动大多是速率和方向发生变化的运动，这在科学上被称为加速运动。当给物体施加力时（合力不为零），就会发生的运动是加速运动。

汽车启动、电梯开始运行、苹果受重力牵引而下落时的运动等都属于加速运动，这些都是速率逐渐增大的运动。相反，速率减小的运动也属于加速运动。另外，像人造卫星绕地球运行那样，速率不变，只有方向发生改变的运动也属于加速运动。

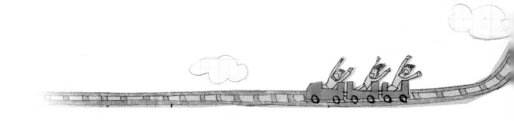

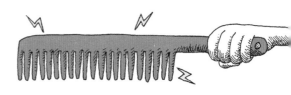

18 静电

静电：处于静止状态的电荷。

你应该有过梳头发时，头发贴在梳子上的经历，这就是静电现象。静电与流动的电流不同，电荷处于静止状态，所以用"静"来表示。

就像用柔软的布擦琥珀时一样，两个物体摩擦时所产生的电也属于静电。摩擦起电现象是古希腊的泰勒斯于公元前 600 年左右发现的，因此，琥珀的希腊语 "elektron"成了 electricity（电）的命名来源。

19 静电感应

静电感应：当带电的物体靠近导体时，与该物体接近的一端呈异性的电荷，而同性的电荷被排斥到物体另一端的现象。

静电现象是物体的电子从该物体的一端转移到另一端产生的。如果两个不带电的物体互相摩擦，电子会产生转移，失去电子的一方会带正电荷，获得电子的一方则会带负电荷，像这样带有电荷的物体被叫作带电体。

如果将带电体靠近导电性较好的物体，该物体也会带电。此时，该物体靠近带电体的一端呈现与带电体不同的电荷，距离带电体远的一端呈现与带电体相同的电荷，这种现象被称为静电感应。下雨天的闪电就是通过静电感应产生的。

20 镜子与透镜

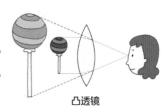

凸透镜

镜子：利用光的反射原理来映照物体的工具。

透镜：为会聚或发散光线而制成的透明物体。

凹透镜

镜子利用的是光的反射原理，透镜利用的是光的折射原理。过去曾使用闪亮的金属板作为镜子的材料，青铜镜就是一个例子。

透镜是由透明物质（如水晶或玻璃）切割成或凸或凹的形状制成的。光在空气中沿直线传播，遇到透镜会发生弯折，这一现象就是光的折射。

依据透镜外形的不同，其作用各异。凸透镜可将光线会聚，凹透镜可使光线发散。透镜广泛应用于眼镜、显微镜、望远镜、照相机等物件中。

21 可见光

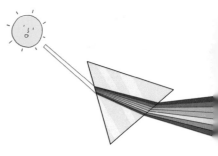

可见光：对人眼能引起视觉作用的光。

可见光是人眼可见的光线。那么，还有人眼看不见的光线吗？光线在狭义上指可见光，在广义上还包括红外线、紫外线、X射线等。除了可见光，其余的光都不能被人眼所见。我们平时看到的太阳光是由各种颜色混合组成的，用棱镜分散太阳的白光就会形成彩虹，出现色散现象，当把这些分散的光用棱镜聚合时就会变回白光。

摩擦力

摩擦力：阻碍物体相对运动的力。

我们能够迈步走路是因为有摩擦力的存在。如果没有摩擦力，就会感觉地面比冰面还滑，无法正常走路。就像走路时地面和脚掌一样，两个互相接触的物体，发生相对运动时阻碍相对运动的力称为摩擦力。

摩擦力是由于接触面粗糙产生的。因此，接触面越光滑，摩擦力越小。摩擦力还与物体质量有关，物体质量越大摩擦力越大。

23 能量

能量：量度物体做功的物理量。

能量是任何人或物体在任何地方都有的基本物理属性，可表征为物理系统做功的本领。我吃完饭后开始学习，高处的水坠落转动涡轮机，这些都是能量由一种形式转换为另一种形式的过程，或称为做功的过程。

能量按形态可分为光能、热能、动能、势能、电能、化学能、核能等。可以将势能转换成动能，再将动能转换为电能。这些能量持续改变其存在形式，叫作能量转换。在转换过程中，能量只是改变了形式，永远不会凭空产生，也不会凭空消失，能量的总和保持不变。这被称为能量守恒定律。

根据能源的种类，能源也被分为化石能源（石油、煤炭、天然气）、核能、太阳能等。石油、煤炭等化石能源在利用过程中会对环境产生不利影响，而且这些能源的总量有限。因此，人们开始关注那些取之不尽的可再生能源。

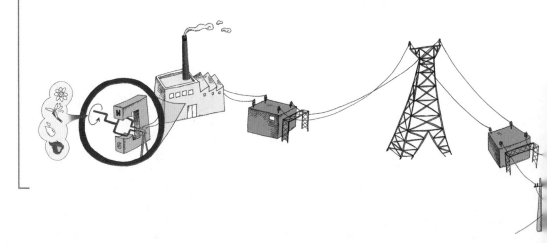

24 牛顿运动定律

牛顿运动定律：牛顿发现的关于物体机械运动的三条定律。

英国科学家牛顿 1687 年在《自然哲学的数学原理》一书中提出了物体运动的三个基本规律。

牛顿第一定律又称惯性定律，指的是当物体不受外力作用时，总保持静止或做匀速直线运动。

牛顿第二定律又称运动定律，指的是当对物体施加外力时，物体的加速度永远与施加的力成正比，并沿该力作用线的方向发生。此时，对物体施加的力越大，物体的质量越小，速度变化越大。

牛顿第三定律又称作用力与反作用力定律，指的是当一个物体向另一个物体施加一个力时，该物体也会从另一个物体得到一个大小相同、方向相反的力。这时，一方的力叫作用力，另一方的力叫反作用力。

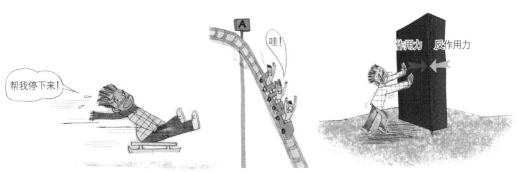

牛顿第一定律（惯性定律）　　牛顿第二定律（运动定律）　　牛顿第三定律（作用力与反作用力定律）

物理

25 热传递

热传递：热能从温度高的地方向温度低的地方传递的现象。

热量是从温度高的地方向温度低的地方传递的能量。热传递可以提高物体的

热水　　　　温水　　　　凉水

温度，或促使物体状态从固态变成液态，从液态变成气态。

热量从高温处向低温处传递。把手放在火炉边，热量就会从火炉传递到手上；把手贴在冰上，热量就会从手传递到冰上。像这样，热量总是从温度高的地方传向温度低的地方，一直持续到二者温度相同时为止。

热传递有三种方式，第一种是热传导，即相互接触的物质之间或同一物质内部进行的热传递方式。例如，给铁棒的一端加热，铁棒从受热端开始依次变热。

第二种是对流，对流是水受热时或陆地、海面上的空气变热时，进行的热传递方式。暖而密度小的水或空气开始爬升，冷而密度大的水或空气渐渐下沉。像这样，水和空气直接循环流动发生的热传递，就是对流。

第三种是热辐射，热辐射是物体本身通过发射电磁波进行的热传递方式。例如太阳光的照射，以及人体感知到火炉的热量等。物体表面为黑色能更好地吸收辐射能，物体表面为白色能更好地反射辐射能。所以夏天适合穿亮色系的衣服。

日食与月食

日食：在地球上看到太阳被月球遮蔽的现象。
月食：在地球上看到月球进入地影后月面变暗的现象。

日食和月食都是因月、地、日三者所处的位置变化而产生的天文现象。

日食发生时，月、地、日处于一条直线上，月球居中。月食发生时，月、地、日仍处于一条直线上，地球居中，这时月球被地影遮蔽，所以，只有满月时才会发生月食现象。

月食   日食

刷刷！

物理

27 声音

声音：物体振动产生的声波被听觉感知的现象。

　　人耳是能接收声波的听觉器官。那么，声音的本质是什么呢？其实是能引起听觉的物体的振动。人用耳朵接收声波，有的动物则用身上的毛接收声波。

　　声音通常在空气中传播，传播速度约为 340 米 / 秒。声音在水中的传播速度更快，约为 1 500 米 / 秒。声音的传播速度一般是固体大于液体，液体大于气体。空气或水等传播声音的物质被称为介质，声音的传播需要介质的参与。

　　声音在传播过程中遇到障碍物会被反射或吸收。如果在传播过程中介质发生改变，声音的传播方向会发生偏折，遇到障碍物可绕过去并继续向前传播。

　　并非所有动物听到的声音频率范围都相同。人可以听到的声音频率范围一般是 20 ～ 20 000 赫兹，频率高于 20 000 赫兹的声波叫超声波，低于 20 赫兹的声波叫次声波。

28 速度

速度：描述动点运动方向及快慢的物理量。

速度不仅表示物体移动距离的大小，还包括方向的变化。例如，"1 秒走 1 米"表示速率，"1 秒向东走 1 米"则表示速度。

因此，即使以同一速率移动，方向不同，两个物体的速度也会不同。另一方面，无论是沿弯路行进还是沿直线行进，如果同一时间移动的两人出发点和到达点相同，那么就可以说两人的速度一致。但走弯路的人速率更大，因为同一时间走了更远的路程。

29 速率

速率：即速度的大小，用来描述动点运动的快慢。

速率是物体移动的距离除以所用的时间得出的。

速率以 1 秒、1 分钟或 1 小时为基准，表示该时间段内物体的移动距离。单位根据不同时间基准，采用秒速 (m/s)、分速 (m/min)、时速 (km/h) 等。例如，如果有人 100 米赛跑用时 10 秒，相当于 1 秒跑了 10 米，所以这个人的速率是 10 米 / 秒（10m/s）。

物理

30 太阳

太阳：位于太阳系中心的恒星。

太阳距离地球约 1.5 亿千米，直径是地球的 109 倍左右，质量是地球的 33 万倍左右。 太阳的质量是太阳系中所有行星质量总和的 750 倍左右。太阳是太阳系内唯一能自己发光的恒星，表面温度约为 6 000℃。

太阳通过氢的核聚变反应释放出巨大的能量，这些能量仅有一小部分到达地球，维持地球上所有生物的生存。人类使用的一切能源都来自太阳。太阳的年龄约为 47 亿岁，太阳的寿命约为 100 亿年。

31 太阳系

太阳系：太阳与围绕太阳运行的天体共同构成的天体系统。

太阳系是由太阳以及受其引力牵引而围绕太阳运行的天体共同构成的天体系统。以太阳为中心，由内及外依次是水星、金星、地球、火星、木星、土星、天王星和海王星。所有行星都围绕太阳公转，它们的公转轨道几乎位于同一平面上。

太阳系不仅包括这八大行星，还包括绕行星运行的卫星、众多小行星、从太阳周围滑过的彗星、产生光迹的流星体等。如此大的太阳系，从整个宇宙来看，也只不过是位于银河系边缘的一个天体系统。

³² 弹性

弹性：物体受外力作用产生形变后，若撤去外力可恢复原来形状的性质。

物体受外力作用时会发生形变，可被压缩或拉长，若撤去外力，物体就会恢复到原来的形状。物体的这种性质叫作弹性，这时所产生的力叫作弹力。不同材质和形状的物体弹性不同，橡皮筋和弹簧的弹性较大。如果想让物体发生大的形变，就要给物体施加一个很大的力。如果用力过大，物体就不能恢复到原来的形状，这是因为超过了物体的弹性极限。

³³ 体积

体积：物体占有的空间量。

世界上的所有物质都占据着一定的空间。其中，某一物质所占空间大小叫作该物质的体积。

那么，体积该如何测量呢？如果是正方体的话，长、宽、高相乘即可求得体积。如果是底部与高度难以测定的不规则物质，可将其放入含有刻度的长方体水缸中，使其被水完全淹没。与之前相比，水增加的高度乘以水缸的长和宽就是该物质的体积。

体积的单位有升（L）、毫升（mL）、立方厘米（cm^3）、立方米（m^3）等。

34 星星

星星：除太阳和月球外，可用肉眼或望远镜看到的发亮天体。

我们肉眼可见的星星大部分是能自己发光的恒星，太阳就是靠自身的氢核聚变产生的能量而发光的天体。靠反射太阳光而发光的行星、卫星、彗星等并不属于恒星。在地球上看月亮虽然是明亮的，但这并不是月亮本身发出的光，而是反射的太阳光。

宇宙中恒星数量非常多，仅银河系就大约有 2 000 亿颗恒星。恒星的明暗程度用星等表示，古希腊时期恒星的亮度划分为 6 个等级。肉眼可看到的最亮的恒星是 1 等星，最暗的恒星是 6 等星。

现在采用的表示方法也类似，星等的数值越小，恒星就越亮。星等数每相差 1，恒星的亮度大约相差 2.5 倍。例如，5 等星亮度约是 6 等星的 2.5 倍，1 等星的亮度约是 6 等星的 100 倍。

行星

行星：自身不发光，绕恒星运行的天体。

像地球围绕太阳运行一样，行星是指围绕恒星运行的天体。恒星能自己发光，行星本身不发光。尽管如此，在夜空中仍可看到行星的光，那是它们反射了恒星的光。

太阳系的行星包括水星、金星、地球、火星、木星、土星、天王星和海王星，其中最大的行星是木星。另外，冥王星曾被认为是太阳系的第九大行星，现在被划为矮行星了。

36 银河

银河：由数千亿颗恒星和星际物质构成的天体系统，是横跨星空的一条乳白色亮带。

银河是银河系主体的一部分，是由无数个天体构成的天体系统，包括大量的恒星、星团、星云、星际气体和星际尘埃。

太阳系所在的星系叫作银河系。银河系是旋涡星系，直径大约为 10 万光年。太阳与银河系中心的距离大约为 3.3 万光年。

以前，人们认为宇宙只有银河系一个星系。20 世纪 20 年代之后，随着望远镜技术的迅猛发展，我们才得以仔细观察更遥远的宇宙，河外星系的存在也逐渐被人们发现。

麦哲伦云是距离银河系较近的不规则星系，是大麦哲伦云和小麦哲伦云的统称，距离地球分别有 18 万光年和 21 万光年。仙女星系最初被认为是星云，后来被证实是与银河系相似的巨型旋涡星系。仙女星系位于仙女座上，距离地球大约 254 万光年。

37 宇宙

宇宙：空间、时间和其中存在的各种形态物质和能量的总称。

宇宙是人类已知的最大范围的空间。银河系的直径约为 10 万光年，在银河系之外，还有无数同银河系类似的天体系统，它们也是宇宙的一部分。宇宙中不仅包括天体，还包括宇宙尘埃、气体、暗物质和暗能量等。

在物理学中，包括时间概念在内，宇宙也称作时空，包含所有物质、能量和事件。

大爆炸宇宙理论认为，宇宙诞生于 137 亿年前的奇点大爆炸。根据该理论，现在存在的所有物质和能量在被压缩到一个奇点后，伴随巨大的爆炸，互相远离，诞生宇宙。

爆炸后产生了各种粒子，继而产生了质子和电子。到了宇宙大爆炸后的 38 万年左右，宇宙温度降到了 3 000℃左右，质子和电子结合后形成了氢原子。大爆炸宇宙理论的代表学者乔治·伽莫夫曾预测这时形成的光子在宇宙中广泛传播。1965 年，彭齐亚斯和威尔逊发现了宇宙微波背景辐射，并证实了该观点。

大爆炸过后约3亿年，诞生了第一代恒星，之后不断有恒星消亡，也不断有恒星诞生。从爆炸之初到现在，宇宙一直处于膨胀状态。

物理

38 月球

月球：绕地球运行的天然卫星，是距离地球最近的天体。

月球距离地球约 38.44 万千米，是距离地球最近的天体。太阳到地球的距离比月球到地球的距离球远 400 倍左右。月球围绕地球不停地做圆周运动，绕地球一周大约需要 28 天，依据这一周期制定的历法就是阴历。

月相变化以 1 个月为周期，依次经历满月、下弦月、残月、新月、上弦月、满月等变化过程。月相之所以会改变，是因为月球围绕地球公转，被太阳照射的部分发生变化。其实月球本身并不发光，月球可见的发亮部分是反射的太阳光。

39 匀速运动

匀速运动：速度恒定的运动。

设想一下你坐着雪橇在冰面上滑行，冰面上没有任何摩擦力。那么雪橇会一直朝着同一方向，保持同一速率前进。像这种运动速度没有发生改变，一直恒定的运动叫作匀速运动。

匀速运动是不对物体施力时发生的运动。只要不对物体施力，静止的物体会保持静止，运动的物体会保持匀速直线运动，匀速运动就是遵循惯性定律的运动。

重力与万有引力

重力：地球对物体的引力。

万有引力：所有物体间由质量引起的互相吸引的力。

重力是地球对地球上及周围物体的引力。但并不只有地球对物体有引力，物体也会对地球有引力。然而，地球上及周围的物体仍会被拉向地心，这是因为地球重，引力大。

所有物体间都相互吸引，这种力叫作万有引力。

物体的质量越大，引力越大；两个物体之间的距离越近，物体之间的引力越大。太阳的体积比地球大很多，但月球并没有脱离地球直接绕着太阳转，这是因为月球在受到太阳引力作用的同时，也受到较近的地球的引力作用。

地球吸引着地球上的所有物体，所以物体会掉落到地上。

41 重量与质量

重量：物体所受重力的大小。

质量：量度物体惯性大小和引力作用强弱的物理量。

我们在秤上测量的体重数指的是地球对我们施加的引力，即重力的大小。

相反，质量是物质所固有的一种物理属性。无论是在地球上还是月球上，抑或是在其他天体上，质量与受到的引力无关，是物质本身的一个标量。虽然在地球上质量与重量常一起使用，但严格来说二者并不相同。

重量是地球对某一物体施加的引力大小，到月球后这一数值会发生改变。这是因为月球施加的引力与地球施加的引力不同，即地球上的重力与月球上的重力不同。月球引力约为地球引力的六分之一，到月球测量体重，体重会减少到地球上的六分之一。但质量与引力无关，是保持不变的。

根据测量重量和质量的不同，秤的种类也不同。重量用受重力影响的弹簧秤来测量，质量则用可以与砝码相匹配的天平等来测量。

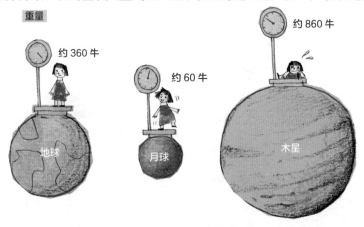

重量

约360牛　地球

约60牛　月球

约860牛　木星

34

紫外线与红外线

紫外线：波长介于紫光和 X 射线之间的光线。
红外线：波长介于红光和微波之间的光线。

光线中有人眼可以看见的光线，也有人眼看不到的光线。阳光是常见的可见光，阳光透过棱镜可分为红、橙、黄、绿、青、蓝、紫等多种颜色的光。在人眼可以看见的光线中，红光是波长最长的光线，紫光是波长最短的光线。

有些光线比可见光中的红光波长长，比紫光波长短，所以这些光不能被人眼所看见，它们就包括紫外线和红外线。用棱镜分解阳光时，红色光外侧的光是红外线，紫色光外侧的光是紫外线。

虽然我们的眼睛看不到紫外线和红外线，但是在生活中却经常会用到。紫外线有杀菌作用，可以用于消毒器具等。紫外线照射过多会损伤皮肤或角膜，所以在紫外线照射强烈的天气，要涂防晒霜并佩戴墨镜。红外线被用于机场的安检或防盗装置。另外，红外线的热效应很强，还被用于医疗领域。

我是红外线，帮你传递热量。

我是紫外线，帮你杀灭细菌。

43 自转

自转：天体绕固定轴自行旋转的运动。

一个天体围绕另一个天体旋转叫作公转，一个天体以自身的固定轴为中心自行旋转的运动则称为自转。这时，作为自转中心的假想轴叫作自转轴。地球的自转轴是连接南北两极的假想轴。

地球每天都在自转，自转一周的时间单位是 1 日。地球的自转速度几乎是固定的，但由于月球和太阳对地球的潮汐作用，1 日的时长每 10 万年增加 1.64 秒。另外，月球和太阳也在自转。月球自转一周大约需要 27.32 日，太阳自转一周大约需要 25.4 日。

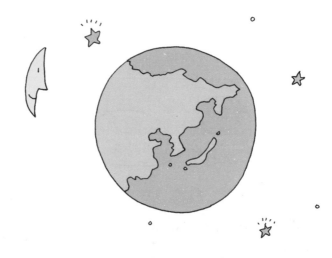

作用力与反作用力

作用力：一个物体对另一个物体施加的力。

反作用力：与作用力大小相同、方向相反的力。

　　力是物体对物体的作用，成对出现，一方对另一方施加的力称为作用力，而另一方也必然会向相反的方向施加一个同样大小的力，这个力被称为反作用力。例如，我用手掌推墙时的力就是作用力。那么，我会受到墙壁向我手掌施加的一个大小相同的力，这个力就是反作用力。

喷气式飞机和火箭也是利用作用力和反作用力原理来飞行的。

嗖！

化学

45 分子

分子: 物质中能独立存在而保持其组成和化学特性的最小微粒。

分子是由原子组成的小微粒, 是保持物质化学性质的最小微粒。

例如, 我们呼吸所需的氧气分子由两个氧原子构成。若再加一个氧原子, 三个氧原子结合在一起就会变成另外一种天蓝色的气体——臭氧。臭氧是构成保护地球的臭氧层的物质。

也有由不同原子结合而成的分子。两个氢原子和一个氧原子结合就会变成水分子。原子结合成水分子后具有水的性质, 但如果分解为各自的原子微粒就不具备水的性质。

分子是由原子组成的, 根据原子组合的不同, 分子种类繁多。

46 混合物

混合物：由两种或多种物质混合而成的集合体。其中的各物质彼此间不起化学反应，均保持各自的化学性质。

类似杂粮或铁粉和沙子互相掺杂，混合物是由两种或多种物质混合而成的物质。此时，每种物质均保持各自的化学性质。

物质均匀地混合在一起称为均匀混合物，否则叫作不均匀混合物。物质混合均匀的混合物也被称为溶液（可能为气态、液态或固态，但通常指液态），如充分溶解的糖水。

从混合物中分离物质的方法有很多种，利用不同物质在密度、溶解度和沸点上的差异等，可以将物质从混合物中分离出来。

化学

47 密度

密度：物质的质量和其体积的比值。

密度是指浓密程度，科学中的密度是指某一物质每单位体积内的质量。因此，密度值用物质的质量除以体积求得，单位有 kg/L、g/mL、g/cm^3、kg/m^3 等。

例如，用铁制成的长、宽、高均为 1 厘米的正方体形状的铁质色子和形状完全相同的木质色子。这两个物体的体积相同，但铁质色子的质量更大，因为铁质色子的密度比木质色子的密度大。

密度是物质的固有性质，每种物质都有固定的密度。但是，根据固体、液体、气体等不同形态，即使是同一种物质，密度也会发生变化。通常，物质在固态时分子排列紧密，密度最大，液态次之。气态时分子相距较远，体积变大，单位体积的质量变小，密度相对于固态和液态也是最低的。

并不是说重就一定会下沉。

就是啊，曲别针虽然轻但还是会下沉。

燃烧

　　燃烧：人们常说的燃烧是指燃料与氧化剂发生强烈化学反应并伴有发光发热的现象。

　　人类能控制火是值得庆幸的。借助火可以烹饪食物享用美食，制作并使用高质量的工具。如果没有控制火的技术，人类就不会创造出今天这样灿烂的文明。

　　生火一般需要具备三个要素。首先，要有木材或蜡烛等可燃物。其次，温度要达到燃点以上。最后就是要有氧气。燃烧一般是指可燃物与氧气反应释放光和热的过程，没有氧气就不会燃烧。

　　相反，当想要灭火的时候也可以利用燃烧的三个要素。可通过浇冷水来降低温度，或用灭火器喷出干粉阻断可燃物与氧气的接触，这样就可以灭火了。当着火的物质烧光了，再没有可燃物时，火也会自动熄灭。三要素中缺少一个，燃烧就不会发生。

　　物质燃烧后通常会生成水和二氧化碳等新物质。燃烧竟然会产生水，很奇怪吧？点燃蜡烛，你也可以看到烛芯周围有水产生。

呼!

化学

49 溶解

溶解：一种物质（溶质）以分子或离子等状态均匀分散于另一种物质（溶剂）中形成溶液的过程。

像白糖这类的固体在水中溶解的时候，颗粒越小、搅拌速度越快、水量越多、温度越高，溶解得越快。

但是，二氧化碳等气体的溶解有所不同。水温越低、压强越大，气体越易于溶解。打开汽水瓶盖会有气泡冒出，是因为压强大时溶解的二氧化碳因压强减小而快速向外逸出。

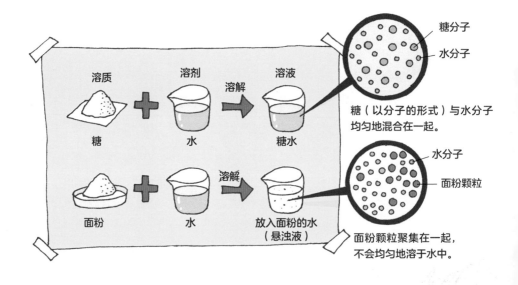

糖分子
水分子

糖（以分子的形式）与水分子均匀地混合在一起。

水分子
面粉颗粒

面粉颗粒聚集在一起，不会均匀地溶于水中。

溶质　溶剂　溶解　溶液

糖　水　糖水

面粉　水　放入面粉的水（悬浊液）

50 溶解度

溶解度：在一定的温度和压力下，物质在一定量的溶剂中溶解的最大量。

大多数固体物质的溶解度随水温升高而增加。例如，将糖放到100克的水中，当水温为20℃时可以溶解的质量约为204克，当水温为100℃时可溶解的质量可达到约485克。温度不同，物质能溶解的质量也不同。

不同物质溶解度随水温变化而变化的程度不同。例如：在水温升高后，糖溶解的量会显著增加，而盐溶解的量却没有明显改变。

如果某种物质的量超过溶解度会怎么样呢？超过溶解度的溶质将不能继续溶解，会有固体剩余物。这种在一定温度下无法继续溶解的溶液被称为饱和溶液。但是，低温下的饱和溶液随温度升高有可能成为不饱和溶液，这是因为溶解度受温度的影响而发生了变化。

51 溶液

溶液：由至少两种物质组成的均匀稳定的混合物。

由两种或两种以上物质混合而成的物质就叫混合物。混合物中有像杂粮饭一样不规则混合的物质，也有像糖水一样均匀混合的物质。其中，像糖水一样均匀溶解，各处性质都相同的混合物就是溶液。

溶液可能是气态、液态或固态，但通常我们所说的溶液是液体状态的，溶剂中溶解了气体、液体或固体形态的溶质。溶剂是能溶解其他物质的物质，溶质是被溶解的物质。例如，糖水溶液中水是溶剂，糖是溶质。

52 酸与碱

酸：溶于水电离时生成的阳离子全部是氢离子的化合物。

碱：溶于水电离时生成的阴离子全都是氢氧根离子的化合物。

酸溶于水呈酸性，碱溶于水呈碱性。当酸溶于水时，具有酸味，能使蓝色石蕊试纸变红；碱溶于水时，具有滑腻感，能使红色石蕊试纸变蓝。

酸和碱分别代表酸性和碱性，这是因为酸性物质和碱性物质都分别具有各自的特性。酸性物质溶于水，电离出氢离子（H^+），碱性物质溶于水，电离出氢氧根离子（OH^-）。

因此，在科学上要反映物质酸性的强弱程度，会测量物质溶于水时电离出的氢离子数量。这就是氢离子浓度指数 (pH)。氢离子浓度指数介于 0 ～ 14 之间，数值越小，酸性越强。7 为中性，小于 7 是酸性，大于 7 是碱性。

酸碱相互混合会发生反应，分别失去酸性和碱性，这一过程叫作中和反应。

化学

53 物理变化与化学变化

物理变化：物质的化学组成和化学性质不变只是形态发生改变的过程。

化学变化：物质的化学性质发生变化生成新物质的过程。

物质的变化可以分为物理变化和化学变化。物理变化是物质的外在形态发生转变，但内在性质没有改变。而化学变化是指物质的化学性质发生了转变，物质的原子或分子构成发生改变，生成与最初的物质完全不同的新物质。

例如，水变成冰，或变成水蒸气属于物理变化。因为这是水形态上的变化，水的化学性质并没有改变。但如果电解水得到氢气和氧气，则属于化学变化。因为水分子被分解成氢气分子和氧气分子，生成了完全不同的新物质。

化学变化可发生在同一物质的内部，像电解水一样，也会在两种物质结合时发生。例如，在光合作用中，二氧化碳和水结合，通过光能合成有机物并释放氧气的过程也属于化学变化。

气体（水蒸气）

固体（冰）　　　　液体（水）

水转变成冰和水蒸气，这类变化属于物理变化；电解水获得氢气和氧气，这类变化则属于化学变化。

物态变化

物态变化: 物质受温度或压力影响在固、液、气三态之间的转化。

物质形态并非一成不变，受温度或压力的影响会发生形态变化。例如，水在 0℃ 以下时是冰，当温度高于 0℃ 时变成水，在煮沸后会变成水蒸气。这时，水的形态经历了从固态的冰到液态的水，再到气态的水蒸气的变化过程。

像水的形态变化一样，我们把物质受外部影响从一种状态变化到另一种状态的过程叫作物态变化。物态变化是物质形态的变化，而不是物质化学组成和化学性质上的变化。因此，物态变化不属于化学变化，而属于物理变化。

固体具有相对固定的形状和体积，不会因盛放容器的不同而改变形状。液体的形状会因盛放容器的不同而变化，但有一定的体积，水是最常见的液体。气体没有固定形状，施加压力时体积还可以被压缩。

温度升高，固体会变成液体，继续升温，液体就会变成气体。物质从固态变成液态称为熔化，从液态变成气态称汽化，从固态直接转换成气态叫升华。

化学

55 物质

物质：组成物体的材料。

如果称书桌、椅子、橡皮、铅笔等为物体，那么组成它们的材料则被称为物质。例如，制成桌子的材料是木材和金属，橡皮的材料是橡胶。这里的木材、金属和橡胶就是物质。用一种物质可以制成多种物体，同样，也可以用多种物质制造同一种物体。

不与其他物质混合，只由一种物质组成的物质叫作纯净物，由多种物质混合而成的物质叫作混合物。例如，水、铜等是纯净物，石油则是混合物。

元素

元素：构成物质的基本要素。

人们认为所有物质都是由几个基本要素构成的。古希腊的恩培多克勒认为宇宙万物都是由水、火、土、气四种元素组成的。

随着科学的发展和对物质了解的深入，人们发现的元素种类也在不断增加。18 世纪法国的拉瓦锡认为元素共有 33 种。在这 33 种元素中，有很多现在仍被认为是元素，但拉瓦锡错误地将光和热归为元素。

如今已知的元素种类超过 110 种，这与元素周期表上原子序数的个数相当。那么，元素和原子有什么不同呢？如果说原子是构成物质的一个个基本微粒，那么元素则更强调它的属性。说氢原子时是指一个个可数的氢原子微粒，而说氢元素时则表示氢原子整体所具有的属性。

57 原子

原子：能保持元素化学性质的最小微粒。

以前的人们认为原子是构成物质的最小微粒，古希腊的德谟克里特将其命名为原子 (atom)，atom 来源于希腊文 atomos，是"不可分割"的意思。

原子真的不可再分了吗？并非如此。原子可以被分割为更小的质子、中子和电子等粒子。但是，如果分割成这样就不再具有元素的性质。因此，在保持元素化学性质的范围内可以分割的最小微粒就是原子。

58 原子论

原子论：关于物质结构的微粒学说。近代科学原子论由英国化学家道尔顿于 1803 年提出。

道尔顿原子论的观点如下：第一，所有物质都由不可再分的原子构成；第二，同一元素的原子在大小、形状、质量等性质上相同，不同元素的原子性质不同；第三，化学变化中原子没有被创造、毁灭或再分割；第四，化合物是由两种或两种以上的原子按简单数目的比例结合而成的。

然而到了今天，科学家对其中几处进行了修正。第一，原子可再分为原子核和电子。第二，即使是同一元素的原子，质量也可能不同。虽然道尔顿的原子论并不完美，但对现代原子模型的建立仍做出了巨大贡献。

⁵⁹ 中和反应

中和反应：酸和碱发生反应，生成水而失去酸性和碱性的过程。

在吃烤鱼之前挤柠檬汁可以去除鱼腥味，用洗发水洗头滴几滴醋，头发会变得柔顺，这些都是生活中利用中和反应的例子。中和反应是酸性物质和碱性物质相遇，失去自身酸性和碱性的过程。酸性溶液中含有氢离子（H^+），碱性溶液中含有氢氧根离子（OH^-）。因此，如果将两种溶液混合在一起，氢离子和氢氧根离子就会生成水（H_2O）。

生物

60 动物

动物：以有机物为食，能自由运动的生物。

动物大多可以移动。为了寻找食物，大多数动物可以飞行、走动、攀爬、跳跃。动物没有叶绿素，不能自己合成养分，需要食用植物或其他生物才能生存。

动物有单细胞生物，也有由多个细胞构成的多细胞生物。较发达的动物有多种器官，具有呼吸、消化、排泄等功能。地球上的动物种类超过 150 万种，其中昆虫的种类最多，约占动物种类数的 80％。

61 感觉器官

感觉器官：动物用以接收并传递体外信息的器官。

人或动物注意到体外发生的变化被称为感觉。感觉包括眼睛的视觉、鼻子的嗅觉、耳朵的听觉和平衡觉、舌头的味觉以及皮肤的触觉。

将感觉传递给大脑的器官称为感觉器官。眼、鼻、耳、舌和皮肤就是感觉器官，它们被称为人体的五大感觉器官。

光合作用

光合作用：植物利用光能，将水和二氧化碳等无机物合成有机物并释放氧气的过程。

地球上的生物需要摄取营养成分才能生存。其中，有机物是典型的营养成分。包括人类在内，众多生物每天所需的大量有机物是从哪里获取的？答案正是植物的光合作用。

光合作用发生在植物的叶绿体中。叶绿体含有一种叫作叶绿素的色素。绿色植物呈绿色就是因为叶绿素的存在。

叶绿体利用从植物根部吸收的水分、从空气中获取的二氧化碳和太阳光来合成有机物，如碳水化合物（淀粉），同时释放氧气。这一过程称为光合作用。植物的光合作用极为重要，它为我们提供食物，将二氧化碳转化为氧气，使环境更健康。

但是，并不只是绿色植物才能进行光合作用，含有叶绿素的微生物蓝藻也可进行光合作用。在距今 35 亿年前就有蓝藻这种单细胞生物了。随着这些可进行光合作用的生物大量繁殖，地球上的氧气含量开始迅速上升。因此，更多物种得以在地球上生存。

正是因为植物的光合作用，各种生物才能够在地球上生存。

生物

63 呼吸

呼吸：动物或植物与外界环境之间的气体交换过程。其中，动物从环境中获取氧气，排出二氧化碳，植物从环境中吸收二氧化碳，排出氧气。

人体中负责呼吸的主要器官是肺。另外，口腔、鼻子和支气管也是帮助呼吸的器官。

有的生物与人不同，它们不靠肺呼吸。在水中生活的鱼用鳃呼吸；青蛙在蝌蚪状态时用鳃呼吸，变成青蛙后用肺和皮肤呼吸。

64 基因

基因：也称遗传因子，是遗传物质的最小功能单位。

大部分生物的基因都是由脱氧核糖核酸（DNA）构成的，其DNA 的排列方式决定了父母的何种特征会遗传给子女。DNA 通常呈双螺旋结构。破译基因序列，就可知悉生命的构成与特征，因此基因图谱被誉为生命的设计图。

定位致病基因开拓治疗方法，改造基因培育新作物……各类基因技术正在逐步发展。

65 进化

进化：生物经过数代的改变，其形态结构和遗传组成逐渐改变的过程。

大约 35 亿年前，生物在地球上诞生，之后不断变化。起初，地球上只有简单的单细胞生物，经过漫长岁月的演变，地球上的生物构造从简单到复杂，生物种类从单一到丰富。这一过程中，有的物种只发生模样和行为略微改变等微小变化，也有物种走向了灭亡或产生了巨大变化。生物像这样变化的过程被称为生物的进化。

英国查尔斯·达尔文首次提出生物进化论。在 1859 年出版的《物种起源》一书中，达尔文介绍了生物进化论。

达尔文主张“物竞天择，适者生存”的自然选择学说，认为这是生物进化的主要原因。

生物在同一种群内表现出不同的形态特征，这被称为变异。变异包括因遗传物质发生改变引起的可遗传的变异和由环境因素引发的不可遗传的变异，其中成为自然选择对象的是可遗传的变异。例如，从父母那里遗传的黑发特征，可以成为自然选择的对象，但原本金发的人染发变黑则无法成为自然选择的对象。

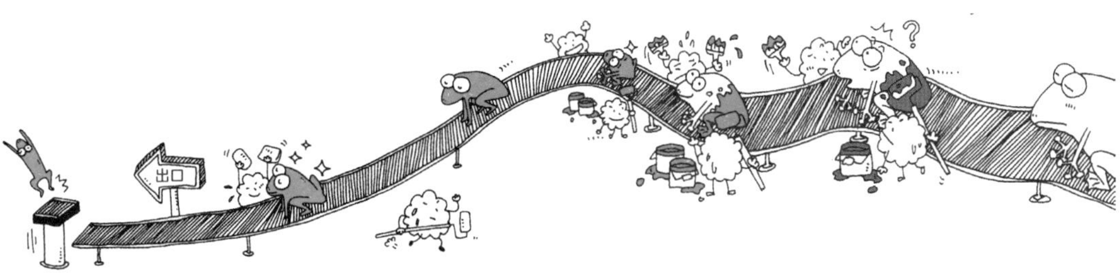

66 昆虫

昆虫：成虫期身体分头、胸、腹三部分，胸部长有3对足的动物。

苍蝇、蝗虫、蝴蝶、甲虫等动物都被称为昆虫吗？是的。把它们视为一个群体共同命名，是因为它们具有共同的特征。昆虫成虫期的身体分为头、胸、腹三个部分，有3对（6条）足、2对（4只）翅。有的昆虫翅发生退化甚至没有翅，有的像果蝇一样只剩下1对翅。昆虫的头上还长有1对（2个）触角和1对（2个）复眼。

昆虫在发育的过程中身体形态会发生阶段性剧烈改变，生物学上称为变态。有的昆虫要经过卵、幼虫、蛹才能发育为成虫。有的昆虫略有不同，没有经过蛹期，直接从幼虫发育为成虫。经过蛹期的称为完全变态，不经过蛹期的称为不完全变态。

我在研究昆虫是怎样蜕变的。那么，我是研究昆虫变态的学者吗？

67 脑

脑：动物中枢神经系统的主要器官。

动物通过感觉器官接收外部信息，这些信息快速传递的场所就是脑。脑接收信息，迅速做出判断并下达指令。可以说，脑是身体中枢神经系统的司令官。

人脑的主要部分是大脑。大脑分为左右两个半球，表面有弯弯曲曲的沟回。大脑的主要功能是控制中枢神经系统，负责记忆、判断并下达指令。

68 排泄

排泄：机体将体内产生的废物排出体外的过程。

动物主要以汗液或尿液等方式将体内的废物排出体外。动物通过摄取食物吸收营养成分，将其分解成自身所需的物质或用于提供能量。在这个过程中产生的无用物质，叫作废物。

如果不能正常排泄，体内水分或体温将失衡，这会损害身体健康。人体负责排泄的器官主要是汗腺和肾脏，汗腺靠分泌汗液排泄废物，肾脏则通过排尿排泄废物。

69 生态系统

生态系统：泛指一定空间下相互影响的生物群落、环境，以及二者的关系。

一定空间下的生物群落相互影响。不仅是种群间，生物与环境之间也会相互作用。这种在一定空间下的生物与生物、生物与环境，以及环境因子之间的关系统称为生态系统。

例如，鱼缸内部也存在生态系统，构成鱼缸生态系统的要素包括几个方面。首先是生活在鱼缸里的鱼、水草和微生物等。这里的水草是生产者，鱼是消费者，微生物是分解者。鱼缸里的水、氧气和周围的灯光等环境要素也是鱼缸生态系统的组成部分。

生态系统没有发生剧烈变化、处于稳定的状态时称为生态系统平衡。通常，生态系统具有自动调节能力，可保持生态平衡。变化过于剧烈就会引起生态系统失衡。

生态系统包括一定空间下相互作用的生物、环境，以及彼此之间的关系。

生态系统

27

生物

生物：与非生物相对，是具有生命的物体。

生物与汽车和机器人不同，是有生命的物体。生物能进行新陈代谢，并且可以繁衍后代。生物能感受外界变化，做出应变，从而保持其体内稳态。

生物由细胞组成，通过细胞的生长和分裂，实现个体发育。生物还能适应周围环境，环境变迁时可发生进化。这些都是生物与非生物相区别的特征。

随着最古老的生命化石的发现，地球上的第一类生命可上溯至距今 35 亿年前，这类生命就是有叶绿素可进行光合作用的单细胞生物蓝藻。蓝藻在数十亿年间持续释放氧气。之后多细胞生物开始诞生，生物从海洋走向陆地，种类越来越多。从恐龙灭绝到人类诞生，不断有新物种产生，也不断有物种灭亡。

生物种类繁多、数不胜数，这就是生物多样性。时至今日，很多生物已经灭绝。物种的减少会危害生态系统，也会对人类造成严重威胁。

71 食物链

食物链：不同生物之间由于吃与被吃的关系而形成的链状食物关系。

生物需要摄取养分才能生存。但是，除了能进行光合作用的植物和个别微生物，其他生物不能自己制造养分。因此，生物之间产生了吃与被吃的关系，这一关系叫作食物链。

沿着自然界的食物链可依次看到生产者、消费者、分解者。生产者是通过光合作用将太阳能转化为营养成分的植物。消费者是捕食生产者和其他消费者的生物。以植物为食的植食性动物是初级消费者，以初级消费者为食的被称为次级消费者，以次级消费者为食的是三级消费者。

还有生物靠分解其他生物的尸体来获得养分，这类生物被称为分解者。细菌等微生物就属于分解者。

受精

受精：雌雄个体的生殖细胞结合为一的过程。

    生物努力延续与自己相似的后代，希望确保种族繁衍兴盛。这被称为生殖，过程之一就是受精。

    动物的受精过程通过雄性的精子和雌性的卵子相遇结合而完成。植物的受精过程则是凭借雄蕊产生的花粉飘落在雌蕊的柱头上，并通过花柱进入子房到达胚珠来实现的。完成受精的卵子形成受精卵，受精过后的胚珠发育成种子，从而成长为新的生物个体。

卵子　精子

人的受精过程也是通过精子和卵子相遇结合而实现的。

生物

73 微生物

微生物：个体难以肉眼看见的微小生物。

微生物非常小，难以为肉眼所见，必须借助显微镜才能观察到。细菌、病毒、酵母菌等都属于微生物。大部分微生物既不是动物也不是植物。

微生物多为细菌，因此很容易被认作有害生物。其实，除了有害的微生物，世界上也存在着很多对人体有益的微生物。例如，生活在人体肠道内的菌群和使泡菜发酵的乳酸菌等。

74 细胞

细胞：构成生物的基本单位。

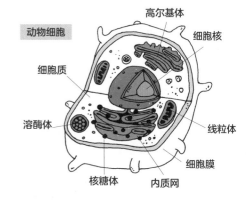

动物细胞

高尔基体
细胞核
细胞质
溶酶体
线粒体
细胞膜
核糖体
内质网

所有生物都是由生物的基本单位——细胞构成的。细胞像被膜包围着的小房子一样，因其体积小，需要借助显微镜观察才能看到。细胞一词的英文 cell 是英国科学家罗伯特·胡克于 1665 年提出的，胡克用显微镜观察软木塞时发现了细胞结构。

生物可以根据构成的细胞数目分为单细胞生物和多细胞生物。根据细胞内是否有核膜和核仁，可分为有核膜和核仁的真核细胞和没有核膜和核仁的原核细胞。动物细胞和植物细胞都属于真核细胞。原核细胞主要是细菌等微生物的细胞。

细胞分裂

细胞分裂：一个细胞分裂为两个细胞（极少情况下分为更多细胞）的过程。

分裂前的细胞称为母细胞，分裂后形成的新细胞称为子细胞。

细胞分裂方式有制造新的体细胞的有丝分裂和制造生殖细胞的减数分裂等。有丝分裂是在除生殖细胞之外的体细胞内发生的，人体生长时发生的细胞分裂就是有丝分裂。减数分裂是在产生精子、卵子、花粉等生殖细胞时发生的。因母细胞中染色体数目减半，因此被称为减数分裂。减数分裂不同于有丝分裂，减数分裂由相继的两次分裂组成，一个母细胞可产生四个子细胞。

有皮肤细胞因受伤死亡了。大家快增加细胞的数量！

76 消化

消化：动物将从体外获得的养分在消化道内转化成易于吸收的营养物质的过程。

包括人在内，所有动物通过进食吸收营养成分，借此维持身体的正常运转，补充能量，保障生存。但是，如果从体外摄取的食物过于庞大复杂，身体就无法直接吸收。因此，需要切断、磨碎食物，这一过程就是消化的第一步。

人体中负责消化的是消化器官。人的消化器官有口腔、食管、胃、小肠和大肠等。口腔主要负责磨碎食物，属于机械消化过程；胃和肠道负责用胃液等消化液对食物进一步分解，属于化学消化过程。

人体的消化系统包括口腔、食管、胃、小肠和大肠等器官。

这样被充分分解的营养成分在小肠中被绒毛吸收。小肠内壁长有绒毛，因此具有巨大的表面积来吸收营养物质。之后，水在大肠中被吸收。营养成分被吸收后，剩余的残渣形成大便，通过肛门排出体外。

77 血液循环

血液循环：血液在心脏和血管中循环不息地流经身体各处，完成物质运输的过程。

人体血液在心脏和血管中循环流动。血管分为动脉、静脉和毛细血管，全部连接起来大约有 10 万千米长。这么多血管，二三十秒血液即可循环一圈，把物质运输到身体各处。

血液的功能是给身体各处的细胞输送氧气和营养物质，运走二氧化碳及其他细胞代谢产物，然后进入肺部进行气体交换。

血液承担着重要的功能，心脏是血液得以畅通流动的重要场所。心脏怦怦跳动是为了将血液输送到人体各处。这样我们才能健康地度过每一天。

78 遗传

遗传：生物在繁殖时将性状特征传递给后代的现象。

卷发、黄皮肤、黑眼珠、O 型血等特征都是从父母那里遗传的。像这样，亲代通过繁殖将自身具有的性状特征传递给子代的现象被称为遗传。

但是遗传是怎么进行的呢？为揭示这一现象的本质，奥地利遗传学家孟德尔做出了巨大贡献。他通过实验发现了遗传规律，认为亲代传给子代的特定物质在遗传过程中起着特殊作用，这一物质后来被证实是基因。

79 植物

植物：能够通过光合作用自养的生物，通常固着不动。

植物是生物的一界，与动物有以下区别。

首先，动物通过进食获取养分，植物则通过光合作用自己制造养分。其次，动物可以移动，植物在没有人或动物挪动时通常会在固定地方扎根，不会移动。再次，植物细胞和动物细胞略有不同。动物细胞由细胞膜包围，植物细胞由细胞膜和细胞壁共同包围。植物细胞壁由纤维素构成，十分坚硬。另外，动物生长到一定程度便不再生长，而植物活着时往往会持续生长。最后，与动物不同，植物没有感觉器官。

在植物中，开花结果的植物被称为种子植物。种子植物分为种子裸露的裸子植物和种子包裹在子房中的被子植物。被子植物又分为单子叶植物和双子叶植物。

植物虽然扎根一个地方就不再移动，但它的种子却可以传播得很远。

80 大陆漂移说

大陆漂移说：此说法指出，曾经相连的一整块大陆逐渐分离漂移，形成了今天的分布状况。

大陆漂移说由德国科学家阿尔弗雷德·魏格纳于 1912 年提出。该学说认为原始大陆原本为一块，叫泛大陆，经过漫长的岁月分裂成了几块，缓慢地分离漂移，最终形成了今天的分布状况。

魏格纳在看世界地图时，发现非洲大陆西岸与南美洲大陆东岸的轮廓线大致吻合，于是猜想可能是大陆分离漂移形成的。通过收集资料，魏格纳从生物化石、地层分布、冰川痕迹等方面，找到了大陆漂移的一些证据。

这些证据一开始很吻合大陆曾相连的假设。但由于无法解释究竟是什么原因使大陆漂移，因此他的假说在当时没有被正式接受。为了进一步寻找大陆漂移的证据，魏格纳前往格陵兰岛探险考察，在途中不幸遇难。

此后，随着时间的推移，人们通过检测岩石来分析地球磁场，并通过探测海底加深对海洋地壳的认知。随着板块构造学的发展，人们得以解释促使大陆发生移动的力量。大陆漂移说作为解释地球历史的重大理论，已被广泛接受。

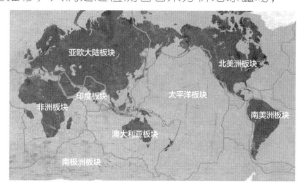

全球主要板块分布图

地理

81 大气圈

大气圈：围绕在地球周围的空气包层。

地球周围围绕着一层厚厚的空气。受地球引力的影响，空气层距离地表越近，空气密度越大、越稠密。像这样围绕在地球周围的空气被称为大气。大气中包含多种气体，主要是氮气，约占 78 %；其次是氧气，约占 21%。还包括 0.93% 的氩气和 0.035% 的二氧化碳。

根据大气温度的高低及大气运动方式，大气圈可分为对流层、平流层、中间层、热层和逃逸层。其中，天气现象多出现在大气含量丰富的对流层，臭氧层位于平流层。

82 地层

地层：地质历史中某一特定环境形成的层状岩石。

简单来说，地层就是由碎石、沙子、泥土等经过漫长时间堆积而形成的岩层。河水从山谷间倾泻而下，不断侵蚀着岩石和泥土。岩石和泥土破碎后被流水搬运，在河床、湖底、海底等处不断堆积，再经过漫长时间的地质作用就会固化，最终形成地层。

在水下形成的地层，在地壳运动时也会跃出水面，为人们提供了解地球过去面貌的线索。如果地层中有褶皱或断裂，我们就可以推测得知这里曾经发生过剧烈的地壳运动。

83 地震

地震：受地球内部力量影响，地面破裂震动的自然现象。

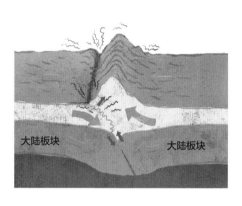

大陆板块　　大陆板块

地震发生时，地面会震动破裂。严重时地表的建筑物会倒塌，还可引发剧烈的海啸，侵袭海岸。

之所以发生地震，是因为地球受到了来自其内部的某种巨大力量。科学家指出，大陆板块碰撞就是这种巨大力量的来源之一。

地球固体圈层由地壳、地幔、外核和内核组成。地壳呈坚硬的固态，地幔比地壳软。因受地球内部热能的影响，地幔呈柔软的固态。地幔中受热程度更高的部分熔化后密度变小上升，形成地幔对流。

地壳位于流动的地幔上。然而地壳并不是相互连接的整体，而是分为多个大陆板块。地幔运动时，板块之间会发生碰撞，碰撞时释放的巨大能量就会引发地震。

科学家将地震频发的区域在地图上进行标记，发现地震多发生于大陆板块的交界地带。除此之外，火山活动或地下爆破实验也可能诱发地震。

地震发生的地点称为震源，震源正上方的地面称为震中。地震的强度用震级和烈度来表示。烈度指地面震动的激烈程度，直接影响人的感觉。震级与震感无关，用以描述地震本身释放能量的大小。

地理

84 地震波

地震波：由地震震源向外传播的振动。

当地震发生时，地面会摇晃，由此产生的振动会传播到很远的地方，这一振动叫作地震波。地震波中有两种波可在地球内部传播，一种是纵波，一种是横波。纵波首先到达地震观测站，横波在纵波之后。

传播介质种类和状态不同，地震波的传播速度也会不同，而且地震波也会发生反射或折射。横波只能通过固体传播，不能通过气体和液体传播。科学家是通过研究地震波了解到地球由地壳、地幔、外核和内核组成的。

85 海洋

海洋：地球上广大连续的咸水水体的总称，约占地球表面积的71%。

海洋是地球表面除陆地之外的部分，海水由大量的含有盐分的水组成。

海水体积约为 13.7 亿立方千米，约占地球总储水量的 97%。海洋水量丰富，但盐分高，不适宜人类饮用。

世界上有几个海域面积极其广阔的大洋，有太平洋、大西洋、印度洋、北冰洋四个大洋。面积最大的大洋是太平洋。

化石

化石：留存在沉积岩中的古生物遗骸或遗迹。

人们是怎样知道地球上曾生活过恐龙和猛犸象的呢？观察化石即可。人类发现了含有恐龙骨骼和恐龙足迹的化石，还发现了有猛犸象遗骸的化石。科学家通过化石就可以了解这种生物的生存年代和生活环境。

化石是生物死亡沉入河底或湖底后，在地层中石化而成的。后来由于地壳运动，化石随地层露出地面后被人发现。

化石可分为指相化石和标准化石。根据指相化石可以推断发现化石的地层以前的环境如何；根据标准化石可以推断地层形成的时期。例如，通过贝壳化石可了解当时的环境是海洋，所以贝壳化石是指相化石；恐龙化石和三叶虫化石出现于特定时期，通过这类化石可推测出该地层的年代，所以是标准化石。

地理

87 化石燃料

化石燃料：古代生物遗骸在地下经过一系列复杂变化而形成的可燃性物质，如今用作燃料，如煤、石油、天然气等。

化石燃料是指煤、石油和天然气等物质。人们将很久以前地球上生物遗骸形成的可燃性物质开采出来，并将其用作燃料。据推测，煤是远古时代的植物在温度、压力和微生物的作用下形成的，石油是海洋生物埋藏在地下沉积而成的。

化石燃料用途广泛，是人类最重要的能源。但化石燃料储存量有限，必然会枯竭。而且，在使用化石燃料的过程中会产生温室气体，给环境带来负担。因此，人们急需开发其他可以代替化石燃料的能源。

88 环境

环境：对生物生存产生影响的各种因素。

环境是指光、温度、水、土壤、空气等影响生物生存的各种因素。阳光是植物进行光合作用的必要因素，同时为生物生存提供适宜的温度；水是生物生存的重要条件，也是生物的重要组成部分；土壤为生物提供生存场所，为植物提供无机养分；氧气供生物呼吸。

虽然对生物产生影响的环境会慢慢变化，但有时环境也会发生急剧变化。因此，生物必须努力适应环境才能生存下去。

火山

火山：地下岩浆及伴生物冲出地表后冷凝、堆积而成的山体。

地球内部的温度远高于地球表面。受热能影响，地下的岩石熔化成岩浆，岩浆比周围的岩石密度小，会慢慢漂浮上升。随后，岩浆聚集在距离地表数千米的地方，并透过地壳缝隙涌向地表，待温度降低后成为岩石，这样形成的山体就是火山。

火山喷发时，有些岩浆会通过喷发冲出地表，以熔岩形式流淌，岩浆中的气体以气泡形式释放出来，飘向空中。此外，火山喷发还会产生大量的碎屑和火山灰等火山喷出物。

90 矿物与岩石

矿物：自然界中形成的质地均匀的固体物质。

岩石：由矿物组成的坚硬固体。

岩石构成了地球的最外层——地壳，矿物构成了岩石。

岩石指我们周围经常可见的石头。根据生成过程，岩石可分为沉积岩、火成岩和变质岩。沉积岩是受河水或风力侵蚀形成的碎石、沙子、泥土等在河口或海底长期堆积挤压而形成的，如砾岩、砂岩、泥岩等。火成岩是火山活动产生的岩石，玄武岩和花岗岩属于这种类型。变质岩是沉积岩或火成岩长期在地下深处处于高温高压的状态而使自身性质发生改变形成的，如大理岩和片麻岩。

岩石不是一成不变的。火成岩被风、流水侵蚀搬运，形成沉积岩；沉积岩受到地球内部热量和压力的影响，形成变质岩；变质岩经过火山活动，又成为新的火成岩。三大类岩石经过漫长岁月相互转化称为岩石圈的物质循环。

矿物是形成这些岩石的小颗粒。大部分矿物内部质点排列有序。每种矿物都有一定的性质和结晶形状。例如，呈六棱柱形状的白色石英和呈六方板状的黑色云母等，矿物的形状与颜色多种多样。

91 气团

气团：物理属性比较均匀的大范围空气块。

飘浮在地表的空气虽然类似，但根据所处位置的不同，物理属性也各不相同。西伯利亚地区等寒冷的陆地上方的空气寒冷干燥，靠近赤道附近的温暖的海面上的空气温暖湿润。这种具有某种物理属性的空气在广阔的区域中形成的大范围块状物叫作气团。

气团不会只停留在某一区域，而是会向周围移动。移动过程中会影响周围的天气，同时改变自身的性质。影响韩国的巨大气团包括西伯利亚气团、鄂霍次克海气团、北太平洋气团和长江气团。寒冷干燥的西伯利亚气团影响冬季，炎热潮湿的北太平洋气团影响夏季。这就是韩国冬冷夏热的原因。

气团在移动过程中会遇到不同性质的气团。就像性格不同的朋友刚见面时会有戒备一样，性质不同的气团相遇时也不会立即融合，而是会出现一个交界面。这个界面叫作锋面。锋有冷锋和暖锋等类型。

地理

92 气压

气压：大气的压强，即单位面积上所受到的气体的压力。

大气由微小的气体粒子聚合而成，具有重量，会对置于其中的物体产生压力。人类大部分时间都生活在空气密度相对固定的地区，难以感知空气的压力。如果到空气稀薄的高山地区，你就能感受到差异了。比如，到海拔高的山上煮饭时饭难以煮熟，就是因为空气施加的压力变小了。

气压也被称为大气压。1 个标准大气压是指当气温为 0 ℃时，在纬度 45 度海平面上将汞柱高度抬升到 760 毫米时的大气压力，使用 atm 作为单位。

气压随海拔升高而降低。因为海拔越高，空气越稀薄。气压也取决于周围温度的变化。当空气受到地面的热能辐射时，空气密度变小向上爬升，气压随之降低。相反，空气遇冷时气压就会升高。

比周围的气压高的地方叫高气压，比周围的气压低的地方叫低气压。当气压分布不均时，空气从高气压流向低气压，此时形成的流动的空气就是风。

空塑料瓶内外的气压是相同的。

空塑料瓶外面的气压高，瓶体向内皱瘪。

全球变暖

全球变暖：地球表面平均温度和地表平均气温升高的现象。

为应对气候变化而成立的国际组织表示，自 19 世纪后期以来，地球表面的平均气温上升了约 0.6℃。这是因为人类过度使用化石燃料，大量开采可以吸收二氧化碳的森林，使能引起全球变暖的二氧化碳含量不断增加。

全球持续变暖最严重的后果是南极冰川融化流入大海，使海平面不断上升。这样下去，不断上升的海平面会淹没部分沿海村庄和岛屿，变冷的海洋还会改变风向，引发全球各地前所未有的异常气候。

为解决全球变暖问题，人类需要采取多种努力，以减少二氧化碳等温室气体的排放。

94 湿度

湿度：空气中所含水汽多少的量度。

大气成分中氮和氧的含量最高，但也包含水汽。水汽是水蒸发而成的气体形式，用湿度来表示空气中水汽含量的多少。湿度指空气的潮湿程度，即空气中含有的水汽的量。

湿度用百分数表示，是空气中含有水汽的量与该温度下空气中可含水汽的最大量的比值。数值越大，空气越潮湿；数值越小，空气越干燥。

水汽

水蒸气

水循环

水循环：地球上的水在陆地、海洋、大气之间不断变换地理位置和物理形态的运动过程。

自然界的水沿江入海，但这只是发生在地表的水循环运动。水转换形态，在天空、海洋和陆地间游走，遍布全球。

陆地上的水一部分沿地面流动，形成地表径流；一部分渗入地下，形成地下径流。实际上，这部分水量仅占全球总储水量的极小部分。地球上的水体绝大部分是海水，其次是冰川。

地球上的大部分水在海洋中，海洋表面或陆地表面的水经过蒸发变成水汽，由此大气中有了气态水的存在。大气中的水蒸气聚集形成云或雾。在随气流运行的过程中形成降水，最终回落地面或海洋。另外，近地面的水蒸气也会在凌晨变成露水回落地面。

通过这种方式，地球上的水连续不断地运动，水就会遍布全球各地，这样有利于全球太阳辐射能的收支平衡。水的这种旅行叫作水循环。

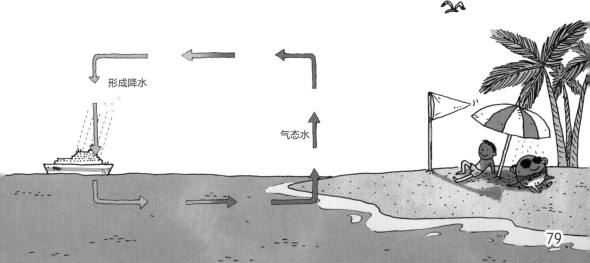

形成降水

气态水

地理

96 台风

台风：大多在西北太平洋和南海形成并向亚洲东部移动的热带气旋。

每逢夏季，韩国都会遭遇多次台风，使韩国人陷入对自然灾害的恐惧之中。台风大多在遥远的西北太平洋热带海域形成，那里空气炎热，蕴藏着大量水汽，很容易产生热带气旋。

台风的最小风速不低于 32.7 米 / 秒，且距离中心数十千米的区域受灾最为严重。然而，被称为"台风眼"的台风中心却是一片风平浪静的晴空区。

根据发生区域的不同，热带气旋有多种称呼，如台风、气旋性风暴、飓风等。

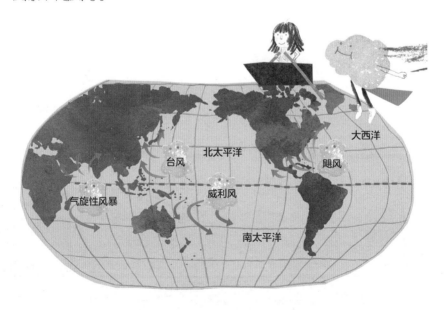

天气

天气：一定区域短时段内大气状态及其变化的总称。

　　天气是各种气象要素的综合表现，包括冷暖程度（气温）、潮湿程度（湿度）、当日雨雪量（降水量）、风的来向（风向）和猛烈程度（风速）、云量等。

　　天气现象发生在大气圈中距离地表最近的对流层。对流层空气密度最大，气流运动活跃，形成了变化多端的天气。

　　天气指短时间内气象的总体状态，气候指某一地区长达 30 年以上的长时间内气象的总体状态。

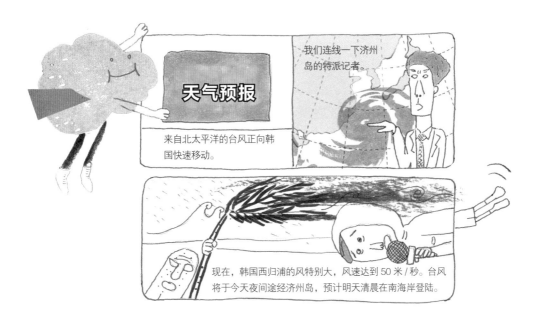

我们连线一下济州岛的特派记者。

天气预报

来自北太平洋的台风正向韩国快速移动。

现在，韩国西归浦的风特别大，风速达到 50 米/秒。台风将于今天夜间途经济州岛，预计明天清晨在南海岸登陆。

98 温度

温度：用数值标示的物体冷热程度。

不同的人在不同的情况下对冷热的感知是有差异的。即使同样的天气，有人会觉得很冷，有人会觉得很暖和。含一会儿冰，再吃东西也会有和平时不一样的感觉。

温度不以人的主观意志为转移，是按照精确的标准用数值来标示物体的冷热程度。单位有摄氏度（℃）、华氏度（℉）和开尔文（K）三种，其中摄氏温标使用最广。摄氏温标以水在 1 个标准大气压下的形态变化为基准，冰的熔点是 0℃，水的沸点为 100℃。

温度计内有红色的酒精液柱，可以精确测量温度。根据酒精热胀冷缩的性质，红色液柱的高度随着温度的变化而上下浮动。

你的体温是 98 华氏度。

别害怕！98 华氏度就相当于 36.7 摄氏度。用华氏温度减去 32，乘以 5，再除以 9，这样就能算出摄氏温度了。

啊？98 度？！

温室效应

温室效应：大气吸收地表辐射，防止地表热能耗散的作用。

地球每天都接收来自太阳的能量，这些被吸收的热能又被逐步传向外空。如果没有这一过程，地球的温度就会持续攀升，比熔炉还热。

但是，地球表面有大气围绕。大气中的一些成分可以吸收部分从地球传向外空的热能，并将其维持在地表附近，这样就使地表与低层大气温度升高。因其产生的效果类似于栽培农作物的温室，故名温室效应。大气成分中能产生温室效应的气体被称为温室气体。二氧化碳、水汽、甲烷、臭氧等都属于温室气体。

温室效应并非只有坏处。如果没有大气的温室效应，地球表面的温度就会过低，河流冻结的概率会增加，生物也难以像现在这样生活。大气如同被子一样覆盖着地球，使现在全球的地面平均温度维持在 15℃左右。

温室效应过度会使温度高于生物适应的气温。如果短时间内气温变化加剧，有些生物会难以适应从而走向灭绝，这会破坏整个生态系统，最终人类也将难以生存。

散发到大气圈外的热量。

汽车、工厂、火力发电站中产生的二氧化碳和甲烷等温室气体会阻止热量散发到大气圈外。

100 云

云：大气中的水分子以小水滴或小冰晶的形式悬浮在大气中形成的可见聚合体。

云通常为白色，这是因为云层中的小水滴将光线沿各种方向散射造成的。各种颜色的光线相互聚合，就会呈现白色。相反，乌云中的水滴相对较大，它们吸收却不散射光线，所以看起来很黑。

根据形状，云可分为卷云、卷积云、积云、积雨云等。观察云的形状可以预测未来的天气。卷层云出现在天气由晴转阴雨时，钩卷云则出现在降雨前。积云多出现在天气晴朗时，积雨云一出现马上就会下雨。

另外，根据云底离地的高度可以将云分为高云、中云和低云。高云出现在距离地表 6 千米以上的高度，中云出现在离地表 2 ~ 6 千米的高度，低云出现在离地表 0 ~ 2 千米的高度。卷云属于高云，高积云属于中云，积云属于低云。

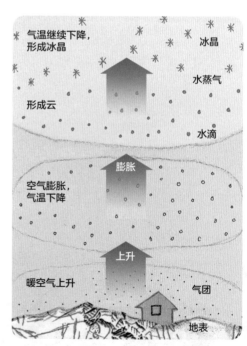

气温继续下降，形成冰晶

冰晶

水蒸气

形成云

水滴

膨胀

空气膨胀，气温下降

上升

暖空气上升

气团

地表

讲给孩子的基础科学

电是怎样产生的？风是如何形成的？
我们的周围充满了各种神奇的秘密。
张开好奇心的翅膀，天马行空地去想象，
这是一件多么令人激动、令人神往的事情！
科学就起源于这令人愉悦的好奇心和想象力。
从现在起，百变科学博士将
变身为电子、风、遗传基因等各种各样的奇妙事物，
带您去探索身边的科学奥秘，
开启一趟充满趣味、惊险刺激的科学之旅！
来吧，让我们向着科学出发！